Christopher Jakubiec

Operative Maßnahmen zur Beeinflussung der Schweißnaht auf den Schweißerfolg am Beispiel von Aluminium

Inkl. Erläuterung der Schweißverfahren

Bibliografische Information der Deutschen Nationalbibliothek:

Bibliografische Information der Deutschen Nationalbibliothek: Die Deutsche
Bibliothek verzeichnet diese Publikation in der Deutschen Nationalbibliografie;
detaillierte bibliografische Daten sind im Internet über http://dnb.d-nb.de/ abrufbar.

Dieses Werk sowie alle darin enthaltenen einzelnen Beiträge und Abbildungen
sind urheberrechtlich geschützt. Jede Verwertung, die nicht ausdrücklich vom
Urheberrechtsschutz zugelassen ist, bedarf der vorherigen Zustimmung des Verla-
ges. Das gilt insbesondere für Vervielfältigungen, Bearbeitungen, Übersetzungen,
Mikroverfilmungen, Auswertungen durch Datenbanken und für die Einspeicherung
und Verarbeitung in elektronische Systeme. Alle Rechte, auch die des auszugsweisen
Nachdrucks, der fotomechanischen Wiedergabe (einschließlich Mikrokopie) sowie
der Auswertung durch Datenbanken oder ähnliche Einrichtungen, vorbehalten.

Copyright © 2016 Diplomica Verlag GmbH
Druck und Bindung: Books on Demand GmbH, Norderstedt Germany
ISBN: 9783961165131

http://www.diplom.de/ ... en-zur-beeinflussung-
der-schweissnaht-auf-d

MIX
Papier aus verantwortungsvollen Quellen
Paper from responsible sources
FSC® C105338

Christopher Jakubiec

Operative Maßnahmen zur Beeinflussung der Schweißnaht auf den Schweißerfolg am Beispiel von Aluminium

Inkl. Erläuterung der Schweißverfahren

Diplom.de

Kurzfassung

Die spezifischen Werkstoffeigenschaften von Aluminiumlegierungen führen zu einer immer größeren Beliebtheit dieser Werkstoffgruppe. Die geringe Dichte, gute elektrische sowie ausgezeichnete thermische Leitfähigkeit und eine sich selbst bildende Oxidschicht mit materialschützender Funktion zählen zu jenen Faktoren, die gerade in großen industriellen Märkten – wie Fahrzeug- und Flugzeugbau sowie der elektrischen Produktion – zu einem stetigen Anstieg der Nachfrage führen. Durch diese besonderen Eigenschaften des Werkstoffes werden bei Schweißverbindungen äußerste Präzision, besondere präventive Maßnahmen sowie spezielle Schweißmethoden benötigt, um eine starke und qualitativ hochwertige Verbindung herstellen zu können. Trotz guter Planung können im Zuge des Schweißprozesses wiederholt Schweißfehler auftreten. Durch hohe Stückzahlen in der Fertigung sowie strengen qualitativen Anforderungen gilt es, die Entstehung von Schweißfehlern zu vermeiden und im Falle des Auftretens Maßnahmen zu treffen, die dem Ausfall einer kompletten Fertigungsserie entgegen wirken. Diese Maßnahmen können auf kurzfristiger, operativer (Sofortmaßnahmen), oder strategischer Ebene durchgeführt werden. Die operative Ebene betrifft den Ausführenden der Schweißnaht sowie die Arbeitsvorbereitung selbst und kann somit dem Auftreten von Fehlern sofort entgegen wirken. Es stellt sich die Frage, welche Faktoren den Schweißerfolg beeinflussen und welche Möglichkeiten in der Planung und Durchführung identifiziert werden können, um die Schweißnahtqualität hoch zu halten und zu sichern.

Schlagwörter: Aluminiumschweißen, Schweißfehler, Schweißqualität, Schweißnaht, Schweißprozess, Schweißnahtfehler

Abstract

Nowadays, due to its specific material properties, aluminium is high in demand. Features like its low density, good electrical and thermal conductivity and the self-forming oxide layer that protects the material are reasons why the demand in large industrial automotive and aircraft markets as well as in electrical production increases. To facilitate these material properties, a strong and high-quality connection between the layers is formed. Therefore, special preventive measures are taken and particular welding methods with expressed precision need to be performed. Despite good planning, welding errors may occur. The high production volumes and strict quality requirements demand prevention of welding errors and prophylactical measures that can be taken in case of occurrence. These measures can be carried out either immediately on an operational level, or on a strategic level. Operational changes concern the welder and the work preparation itself and can thus prohibit the occurrence of errors instantly. This raises the question of which factors influence the success of the welding process and which options can be identified during the processes of planning and implementation to keep the welding quality high and free from errors.

Keywords: aluminium welding, welding errors, welding quality, weld, welding process

Inhaltsverzeichnis

1   Aufgabenstellung und Zielsetzung 5

  1.1   Aufgabenstellung 5

  1.2   Zielsetzung 5

  1.3   Forschungsfragen 5

  1.4   Vorgehensweise / Methodik 5

2   Aluminium 6

3   Aluminiumschweißen 8

  3.1   Metall-Inertgasschweißen 9

  3.2   Wolfram-Inertgasschweißen 11

  3.3   Laserschweißen 12

  3.4   Elektronenstrahlschweißen 14

  3.5   Unterpulverschweißen 15

4   Güte der Schweißnaht 16

  4.1   Schweißfehler 16

      4.1.1   Heißrisse 17

      4.1.2   Poren 18

  4.2   Prüfung der Schweißnaht 19

      4.2.1   Prüfung auf Heißrissanfälligkeit 19

      4.2.2   Modifizierter Varestraint Transvarestraint Test 19

      4.2.3   Visuelle Prüfung der Schweißnaht 20

5   Vermeidung von Schweißfehlern 21

  5.1   Operative Vermeidung von Schweißfehlern 21

  5.2   Strategische Vermeidung von Schweißfehlern 23

6   Schlusswort 26

Literaturverzeichnis 27

Abbildungsverzeichnis 29

Tabellenverzeichnis 30

Abkürzungsverzeichnis 31

1 Aufgabenstellung und Zielsetzung

1.1 Aufgabenstellung

In der vorliegenden Bachelorarbeit werden in erster Linie verfahrens- und metallurgisch bedingte Schweißfehler von Aluminium und Aluminiumlegierungen identifiziert und analysiert. Dafür werden zu Beginn der Arbeit die Besonderheiten des Aluminiumschweißens sowie ausgewählte Schweißverfahren vorgestellt.

Im nächsten Teil der Arbeit werden Schweißfehler und Identifikationsmöglichkeiten dieser aufgezeigt. Die daraus resultierenden Möglichkeiten zur Verhinderung von Schweißnahtfehlern werden beschrieben und der technische Aufwand bewertet.

Für die abschließende Beurteilung der Aufgabenstellung wird in jedem Kapitel ein Fazit des Autors auf Basis der identifizierten Details dargestellt.

1.2 Zielsetzung

Durch die Aufgabenstellung lassen sich für die vorliegende Bachelorarbeit folgende Ziele definieren:

I.   Vergleich der technischen Eigenschaften von Stahl und Aluminium, um zu erkennen, wie sich diese aus technischer Sicht unterscheiden.
II. Analyse und Darstellung ausgewählter Schweißverfahren sowie die Vermittlung von Hintergrundwissen.
III. Identifikation der Vorbeuge- sowie Verfahrensmaßnahmen zur Verminderung von Schweißfehlern.

1.3 Forschungsfragen

I.   Weshalb unterscheiden sich die Schweißverfahren für Stahl und Aluminium aus technischer Sicht?

II. Wodurch entstehen Schweißnahtfehler trotz der besonderen technischen Verfahren, welche beim Schweißen von Aluminium eingesetzt werden?

III. Welche technischen Vorgehensweisen ermöglichen eine Reduktion bzw. Vermeidung von Schweißfehlern bei Aluminium?

1.4 Vorgehensweise / Methodik

Mit Hilfe von Literatur- sowie ausgewählten Online-Quellen werden Stahl- und Aluminiumwerkstoffe und deren Schweißverfahren analysiert. Anhand dieser Informationen werden die grundlegenden Unterscheidungsmerkmale zwischen den Schweißverfahren verglichen. Mit diesem Teil der Arbeit soll die erste und zweite Forschungsfrage beantwortet werden.

Auf Basis der recherchierten Schweißnahtfehler und dem Fazit des Autors werden die technischen Vorgehensweisen zur Reduktion bzw. Vermeidung von Schweißnahtfehlern bewertet. Mit Hilfe dieser Bewertung soll die dritte Forschungsfrage beantwortet werden.

2 Aluminium

Eine geringe Dichte, gute elektrische sowie thermische Leitfähigkeit, sowie eine einfache Verarbeitbarkeit machen Aluminium zu einem beliebten Werkstoff. Des Weiteren ist es durch sein kubisch flächenzentriertes Kristallgitter leicht verformbar und dank der Bildung einer Passivschicht aus Aluminiumoxid korrosionsbeständig. Es ist nach Stahl der meist verwendete metallische Werkstoff. [1], S. 450

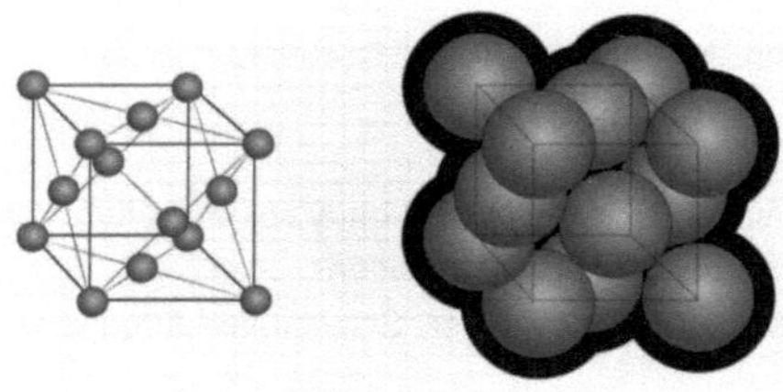

Abbildung 1: kubisch flächenzentriertes Kristallgitter (Quelle: modifiziert übernommen aus [2])

Diesen Eigenschaften gegenüber steht der hohe Energieeinsatz für die Herstellung sowie die sinkende Festigkeit in Bezug auf die Temperatur. Ein Großteil der Aluminiumherstellung erfolgt daher aus rezykliertem Aluminium, da dieses zu 100% wiederverwertbar ist und nur etwa 10% der Energie für die Erstherstellung benötigt wird. [3], S. 47)

Die physikalischen Eigenschaften von Aluminium zeigen die Vorteile gegenüber Stahl deutlich auf. Eine Dichte von 2,7g/cm³ (Stahl 7,8 g/cm³), Schmelztemperatur von etwa 660 °C (Stahl ca. 1550 °C), sowie ein Elastizitätsmodul von 70.000 N/mm² (Stahl ca. 210000 N/mm²). [4]

Ein weiterer positiver Aspekt des Aluminiums ist die Bildung einer dichten Oxidschicht, wenn es der Luft ausgesetzt ist. Dadurch entsteht eine Oberfläche, die vor Witterung schützt. Diese Reaktion ist in der Schweißtechnik ein Nachteil für die Verarbeitung, weshalb Aluminiumschweißstellen mit Schutzgas abgeschirmt werden. [5], S. 233

Die Vor- und Nachteile von Aluminiumlegierungen in der Industrie lassen sich gegenüber anderen Werkstoffen wie folgt bewerten:

Tabelle 1: Vergleichstabelle Eigenschaften (Quelle: [6])

	Aluminium	Stahl	Kunststoff	Holz
Haltbarkeit	4	4	2	1
Formbarkeit	4	3	2	1
Verarbeitung	4	3	3	2
Wetterfestigkeit	4	3	2	1
Temperatur	4	4	1	2
Wärmeleitung	4	2	1	1
Stromleitfähigkeit	4	2	0	0
Hygienische Aspekte	4	4	3	1
Alterung, Korrosion	4	3	1	1
Ökologie	2	2	1	4

0 ... nicht vorhanden bis 4 ... ausgezeichnet

Aluminium zählt aufgrund der spezifischen Festigkeit besonders im Sportequipment-, Flugzeug- und Fahrzeugbau, sowie durch die auf Dichte bezogene hohe Leitfähigkeit in der Elektroindustrie zu den bedeutendsten Werkstoffen. Weitere Anwendungsgebiete liegen in der Sanitär-, Verpackungs- und Chemieindustrie. Die Herstellung von Aluminiumlegierungen erfolgt durch Urformen in Gießereien, wobei Profile und Halbzeuge direkt aus der Schmelze gewonnen werden. Weiterführende Verarbeitungsschritte werden abhängig von der Legierungsart (Aluminium-Knetlegierungen oder Aluminium-Gusslegierungen) gewählt und beinhalten Pressen, Walzen, Ziehen, Schmieden oder spannende Bearbeitung. [7]

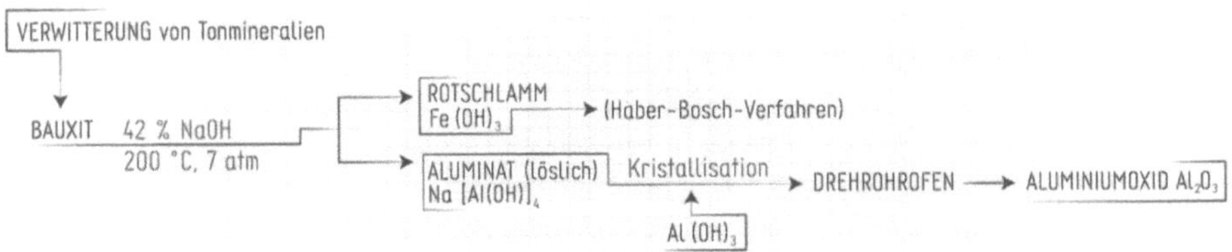

Abbildung 2: Gewinnung von Aluminium (Quelle: eigene Darstellung)

Fazit

Aluminiumwerkstoffe vereinen zahlreiche vorteilhafte Eigenschaften, wodurch sie zu einem immer beliebteren Werkstoff werden. Da das umgangssprachliche Aluminium zumeist in Form von Aluminiumlegierungen verwendet wird, können durch Legierungselemente die für die spezifische Anwendung erforderlichen physikalischen und chemischen Eigenschaften verstärkt werden. Weitere positive Aspekte bilden die vielen unterschiedlichen

Verarbeitungsmöglichkeiten. Trotz seiner hohen Produktionskosten erreicht Aluminium in vielen industriellen Bereichen aufgrund seiner vielseitigen Einsetzbarkeit einen stetig wachsenden Beliebtheitsgrad. Aus ökologischer Sicht bleibt festzuhalten, dass Aluminium zu 100% wiederverwertet werden kann.

3 Aluminiumschweißen

Aluminiumlegierungen werden in unterschiedlichen Zuständen geliefert, welche sich durch verschiedene Eigenschaften auszeichnen. Die Legierungen werden eingeteilt in:

- Knetlegierungen: Der Grad der Kaltverformung bestimmt die Eigenschaften.
- Gusslegierungen: Das Gussverfahren bestimmt die Eigenschaften.
- Ausscheidungshärtende Legierungen: Das Legierungssystem bestimmt die Eigenschaften.

Hervorzuheben ist hierbei, dass die Legierungselemente bei jedem Verfahren eine große Rolle spielen. [8], S. 533

Abgesehen von der in Kapitel zwei bereits erwähnten notwendigen Abschirmung der Schweißnaht von der Atmosphäre ist bei Aluminiumwerkstoffen darauf zu achten, dass die Schmelze beim Schweißvorgang aufgrund der hohen Wärmeleitfähigkeit schnell erstarrt. Dies führt zu Schweißfehlern wie Heißrissen und Lufteinschlüsse. Um diesen vorzubeugen, werden die Werkstücke mit einer Acetylen-Sauerstoff-Flamme vorgewärmt. Ein weiterer Aspekt, auf den beim Schweißen von Aluminiumwerkstoffen besonders zu achten ist, ist die Oberflächenbeschaffenheit der Schweißstelle. Die Fügeteile sollten vor dem Schweißvorgang chemisch oder mechanisch behandelt und Beschichtungen (Oxidschicht) entfernt werden. Gegenüber dem Stahlschweißen sind bei der Auswahl des Schweißverfahrens zusätzlich zum benötigten Schutzgas folgende Parameter zu berücksichtigen:

- Eine größere Schweißstromstärke als bei Stahl wird benötigt.
- Eine größere Elektrodenkraft als bei Stahl wird benötigt.
- Kürzere Schweißzeiten als jene von Stahl sind einzuhalten.
- Besondere Strom-Kraft-Programme im Vergleich zu Stahl sind zu verwenden.

Aufgrund dieser Besonderheiten können die Verfahren MIG-Schweißen, WIG-Schweißen, Laserschweißen, Elektronenstrahlschweißen sowie Unterpulverschweißen für Aluminiumschweißnähte empfohlen werden. Um eine Reaktion des Werkstoffes mit der Atmosphäre zu verhindern, erfolgen alle diese Schweißverfahren – mit Ausnahme des Unterpulverschweißens – unter Verwendung von Schutzgas. Das Verfahren Metall-Aktivgasschweißen kann, selbst wenn es unter Verwendung von Schutzgas stattfindet, nicht für Aluminiumwerkstoffe verwendet werden, da das Schutzgas bei diesem Verfahren eine Reaktion zwischen Werkstoff und Atmosphäre fördert [5], S. 234

Fazit

Die Herstellung der Schweißverbindungen von Aluminiumwerkstoffen benötigt aufgrund der besonderen Werkstoffeigenschaften spezielle Vorkehrungen, wie unter anderem die Trennung des zu schweißenden Materials von der Atmosphäre, um die Bildung der aluminiumspezifischen Oxidschicht zu vermeiden. Eine weitere Besonderheit in Bezug auf die Qualität der Schweißnaht stellt die hohe Wärmeleitfähigkeit dar. Besonders beim Schweißen zweier verschiedener Aluminiumlegierungen oder einer Aluminiumlegierung und einem anderen Werkstoff sind Maßnahmen zu treffen, die ein ungleichmäßiges Abkühlen der Schmelze verhindern.

3.1 Metall-Inertgasschweißen

Das Metall-Inertgasschweißen (MIG-Schweißen) ist eine Weiterentwicklung des Wolfram-Inertgasschweißens (WIG-Schweißen). Das MIG-Schweißen wird verwendet, wenn eine Reaktion zwischen dem Schutzgas und dem Sauerstoff der Atmosphäre und dem Werkstoff nicht stattfinden darf. Das MIG-Schweißen ist aufgrund seiner Vielfältigkeit das heutzutage am öftesten eingesetzte Verfahren. [9]

Prinzip

Bei dem MIG-Schweißen wird durch den Lichtbogen das Aufschmelzen des Aluminiumwerkstoffes sowie das Abschmelzen der Elektrode bewerkstelligt. Der dabei zugeführte Draht stellt die Elektrode dar, welche durch eine Gasdüse mit Schutzgas geleitet wird. Die Drahtzufuhr steht in direktem Zusammenhang mit der Menge an zugeführtem Schutzgas. Beim MIG-Schweißen wird die Art des Lichtbogens über die Draht- und Schutzgaszufuhr gesteuert, wodurch die Tropfengröße beeinflusst wird. Die gebräuchlichsten Lichtbögen sind Kurzlichtbögen, Überganglichtbögen, Langlichtbögen, Sprühlichtbögen, Impulslichtbögen und rotierende Lichtbögen. [5], S. 69

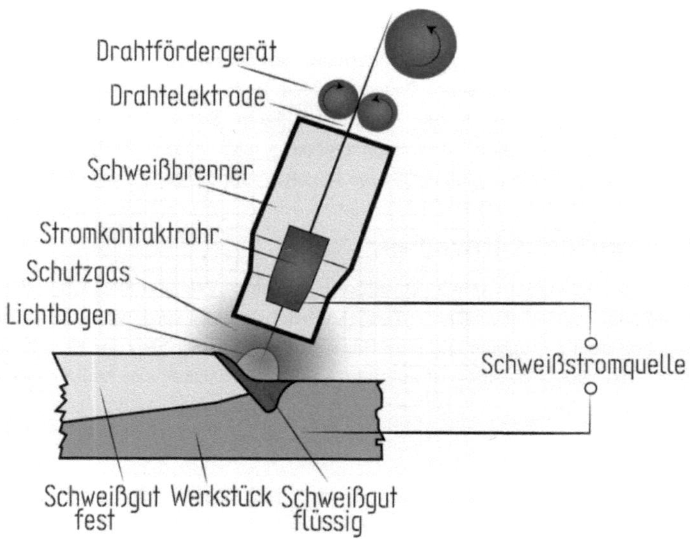

Abbildung 3: MIG-Schweißen (Quelle: modifiziert übernommen aus [10])

Vor- und Nachteile

Die Vorteile des MIG-Schweißens liegen in den vielen unterschiedlichen Einsatzgebieten. Des Weiteren bietet das MIG-Schweißen eine hohe Arbeitsgeschwindigkeit, wodurch es zu niedrigen Wärmeeinflüssen des Werkstoffes kommt. Das Verfahren kann in allen Schweißpositionen durchgeführt werden, ist jedoch windanfällig und erfordert sehr viel Erfahrung durch den Schweißer, da die Schweißnaht schwer zu kontrollieren ist.

Schweißfehler

Als mögliche Fehler des Verfahrens können Porenbildung und Bindefehler identifiziert werden.

Fazit

Die Qualität des Verfahrens ist stark von der Wahl der Drahtelektrode sowie des Schutzgases abhängig. Wie bei allen Schutzgasschweißverfahren wird der Schweißerfolg des Weiteren von der Arbeitsplatzgestaltung beeinflusst (windanfällig). Aufgrund der Abhängigkeiten zwischen gewähltem Schutzgas und gewählter Drahtelektrode (Drahtvorschub, Schutzgaszufuhr) sollte das Verfahren nur von erfahrenen Schweißern angewendet werden.

3.2 Wolfram-Inertgasschweißen

Das Wolfram-Inertgasschweißen (WIG-Schweißen) beschreibt ein Verfahren, das universell für schmelzschweißgeeignete Werkstoffe einsetzbar ist. Es wird bei hochlegierten Stählen und Nichteisenmetallen angewendet. Beim WIG-Schweißen wird zwischen dem Wechselstromverfahren und dem Gleichstromverfahren unterschieden, wobei das Wechselstromverfahren für Aluminiumschweißnähte verwendet wird. [22]

Prinzip

Beim WIG-Schweißen brennt ein Lichtbogen zwischen dem Werkstück und der Elektrode, welche durch ein ausströmendes, inertes Schutzgas von der Atmosphäre getrennt sind. Als Schutzgas werden üblicherweise Argon oder Helium verwendet, da diese eine hohe Reinheit (> 99%) aufweisen und somit keine Oxidation des Aluminiumwerkstückes oder der Elektrode erfolgen kann. Beim WIG-Schweißen ist die Schutzgasmenge von der Schweißstromstärke und somit vom Werkstoff abhängig. Des Weiteren hat die Gasdüse Einfluss auf die Qualität der Schweißnaht, da es bei Verwirbelungen des Schutzgases mit der Umgebungsluft zu Porenbildung kommen kann. [5], S. 55

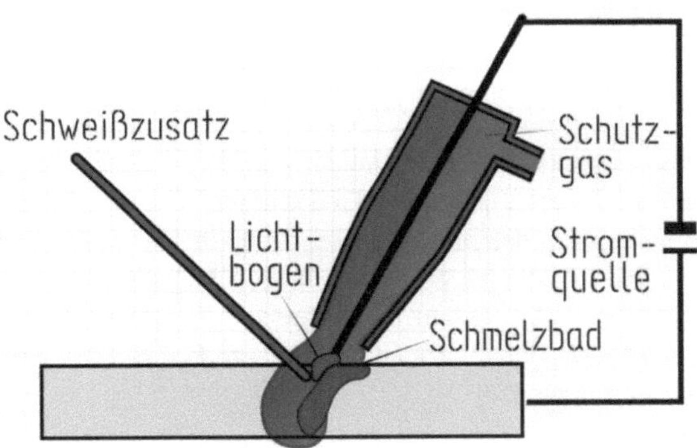

Abbildung 4: WIG-Schweißen (Quelle: modifiziert übernommen aus [11])

Vor- und Nachteile

Die Vorteile des WIG-Schweißens liegen eindeutig in der Nichtbildung von Schlacke oder Rauch. Somit ist dem Schweißer eine gute Sichtbarkeit auf die Schweißnaht gegeben. Diese weist ein gutes Profil auf und kann in allen Positionen hergestellt werden. Als Nachteile der Technik kann eine Empfindlichkeit für Verunreinigungen sowie eine hohe Fehleranfälligkeit beim Schweißen an der Luft hervorgehoben werden. [12]

Schweißfehler

Als mögliche Verfahrensfehler können Porenbildung, Oxideinschlüsse, Lagen- und Flankenbindefehler sowie elektrodenbedingte Wolframeinschlüsse identifiziert werden.

Fazit

Der größte Unterschied zum MIG-Schweißen ist die nicht abschmelzende Wolfram-Elektrode. Der entstehende Lichtbogen ist gut führ- und beherrschbar. Das verfahrenstechnische Problem des WIG-Schweißens, nämlich vorhandene Oxidschichten nicht zerstören zu können, kann nur durch sorgfältige Vorarbeit verhindert werden. Der konstante Lichtbogen kann mit Gleich- oder Wechselstrom betrieben werden. Da die Wolfram-Elektrode nicht abschmilzt, ist ein korrekter Anschliff dieser die Voraussetzung für ein reproduzierbares Schweißergebnis.

3.3 Laserschweißen

Beim Laserschweißverfahren erfolgt die Energiezufuhr durch eine hohe fokussierte Strahlungsleistung auf dem Werkstück. Das technisch aufwändige System ist teuer und störanfällig, bringt jedoch den großen Vorteil mit sich, dass bei Aluminiumwerkstoffen trotz ihrer hohen Wärmeleitfähigkeit nur minimale Werkstoff-Änderungen stattfinden. Dies basiert auf der dünnen Wärmeeinflusszone des Lasers. Laserschweißen wird hauptsächlich in Verbindung mit Schweißrobotern verwendet, da die Bahnführung des Lasers genauestens erfolgen muss. [8], S. 533

Prinzip

Beim Erzeugen eines Laserstrahls werden elektromagnetische Wellen verstärkt und gebündelt. Die elektromagnetischen Wellen werden dabei in Form von Licht als Energieträger genutzt. Mit Hilfe von optischen Linsen wird das erzeugte Licht auf den zu schweißenden Bereich fokussiert und bringt das Werkstück auf Schmelztemperatur. Um die Schweißnaht vor der Reaktion mit der Atmosphäre zu schützen, wird Schutzgas verwendet. Das Verfahren weist eine hohe Schweißgeschwindigkeit und dünne Schweißnähte auf. Für dickere Schweißnähte können Zusatzdrähte verwendet werden. [13]

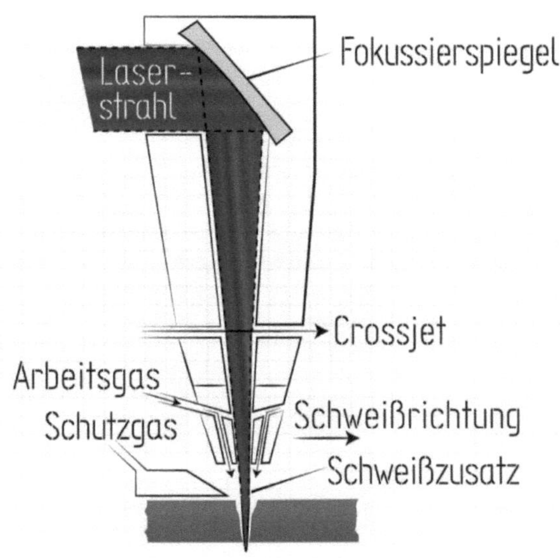

Abbildung 5: Laser-Schweißen (Quelle: modifiziert übernommen aus [5], S. 86)

Vor- und Nachteile

Die Vorteile des Laserschweißens liegen besonders in der hohen Schweißgeschwindigkeit und der schlanken Schweißnahtgeometrien. Durch die fokussierte Energie kommt es nur zu einem minimalen Verzug und geringer thermischer Belastung des Werkstückes. Den Vorteilen stehen hohe Anschaffungs- und Wartungskosten gegenüber. Bei falscher Anwendung der Technologie können viele Nichtkonformitäten auftreten. [14], S. 244

Schweißfehler

Als mögliche Fehler des Verfahrens können Porenbildung, Lunker, Risse, Bindefehler und Randkerben sowie Nahtdurchhänger identifiziert werden. [8], S. 552

Fazit

Im Gegensatz zum WIG- und MIG-Schweißen wird das Laserschweißen maschinell geführt, wodurch eine hohe Automatisierbarkeit ermöglicht wird. Aufgrund eben dieser Automatisierung sind präzise Schweißnähte reproduzierbar herstellbar. In den meisten Anwendungsbereichen des Laserschweißens entfallen Nacharbeiten der Schweißnaht, wodurch dieses anschaffungskostenintensive Verfahren einen Zeitgewinn in der Produktion ermöglicht.

3.4 Elektronenstrahlschweißen

Die Grundlage des Elektronenstrahlschweißens bildet eine geschlossene Vakuumkammer, in der gebündelte Elektronen auf das Werkstück treffen und die dadurch erzeugte Wärmeenergie eine Schmelze erzeugt.

Prinzip

In einer geschlossenen Vakuumkammer wird ein Wolframdraht hoch erhitzt. Aufgrund des im Vakuum herrschenden elektrischen Feldes wandern die negativ geladenen Elektronen (Wolframdraht) zum positiv geladenen Werkstück. Der Elektronenstrahl wird fokussiert und somit gebündelt, um am Werkstück genügend Energie freisetzen zu können, dass dieses schmilzt. [5], S. 76

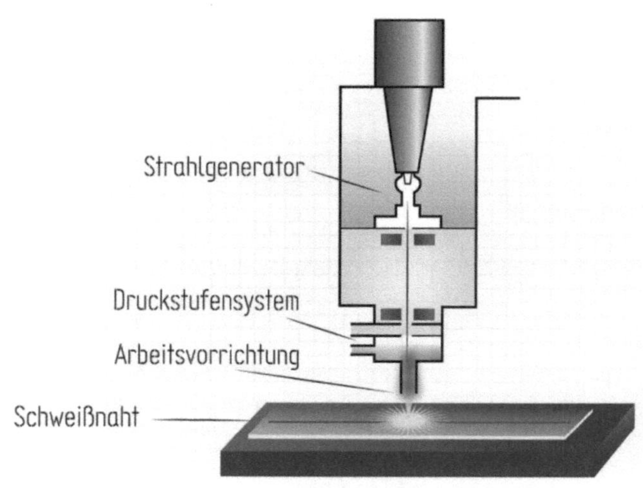

Abbildung 6: Elektronenstrahlschweißen [Quelle: modifiziert übernommen aus [15]]

Vor- und Nachteile

So wie das Laserstrahlschweißen ist auch das Elektronenstrahlschweißen ein Verfahren, welches hauptsächlich für automatisierte Vorgänge eingesetzt wird. Dieses Verfahren ist ebenso mit hohen Anschaffungskosten verbunden. Aufgrund der rein maschinellen Durchführbarkeit zählen Eigenschaften wie eine hohe Reproduzierbarkeit und qualitativ hochwertige Schweißverbindungen zu den positiven Aspekten des Verfahrens. Des Weiteren ist dank der Vakuumhülle das Schweißen oxidbehafteter Werkstoffe möglich. [16]

Schweißfehler

Die dem Elektronenstrahlschweißen unterliegenden Fehler stellen ebenso wie bei den bereits erwähnten Verfahren großteils die Rissbildungen dar. Im Gegenteil zum MIG- und WIG-Schweißen liegt die Fehlerursache jedoch bei der falschen Konfiguration des Systems.

Fazit

Das Elektronenstrahlschweißen ähnelt dem zuvor erwähnten Laserschweißen. Das Prinzip setzt auf eine hohe Automatisierbarkeit und maschinelle Unterstützung, wodurch wiederum präzise Schweißnähte reproduzierbar hergestellt werden können. Durch die Automatisierbarkeit stellt das Verfahren die Anschaffungskosten in Relation zur Zeitersparnis in der Produktion.

3.5 Unterpulverschweißen

Das Unterpulverschweißen stellt unter allen ohne Schutzgas arbeitenden Schweißverfahren das Wichtigste dar. Es verwendet eine blanke Drahtelektrode, welche gleichzeitig mit einem Pulver (anstelle von Schutzgas) zugeführt wird.

Prinzip

Das Unterpulverschweißen gehört zu den Untergruppen des Lichtbogenschweißens. Eine blanke Drahtelektrode wird mechanisch zugeführt, während ein Pulver die Aufgabe der Umhüllung übernimmt. In der Umgebung zwischen Werkstück und Elektrode wird das Pulver aufgeschmolzen und bildet ein Schmelzbad sowie eine Schlacke, unter welcher das Schmelzbad zu einer Schweißnaht erstarrt. [5],S. 49

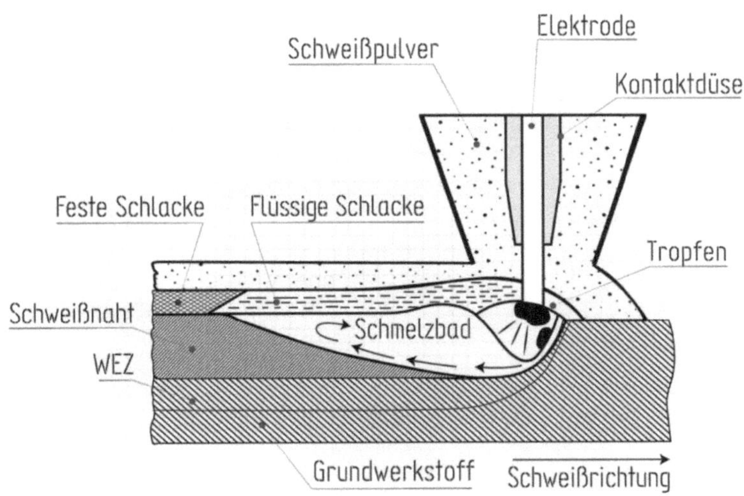

Abbildung 7: Unterpulverschweißen [Quelle: modifiziert übernommen aus [17])

Vor- und Nachteile

Beim Unterpulverschweißen besteht die Möglichkeit, das Schweißgut durch Pulver oder mehrere Drähte metallurgisch zu beeinflussen. Es entstehen kaum Rauch, Gas oder Dämpfe. Als nachteilig können die hohen Anschaffungskosten und benötigte Vorversuche an Proben angesehen werden.

Schweißfehler

Charakteristisch für das Unterpulverschweißen sind Poren-, Binde- sowie Erstarrungsfehler.

Fazit

Das Unterpulverschweißverfahren verwendet anstelle des Schutzgases ein schmelzendes Pulver, welches indirekt Mehrkosten verursacht. Es kann metallurgisch so ausgelegt werden, dass beide Schweißverbinungspartner davon profitieren.

4 Güte der Schweißnaht

Die Entscheidung über die Qualität einer Schweißnaht liegt in der Bewertung von Unregelmäßigkeiten. Diese sind in vier Hauptgruppen geteilt und betreffen Oberflächenunregelmäßigkeiten, innere Unregelmäßigkeiten, Nahtgeometrie und Mehrfachunregelmäßigkeiten. Je höher die Qualität der Schweißnaht ist, desto höher sind auch die Fertigungskosten. Abhängig vom Anwendungsgebiet der Naht sind die Bewertungen der vier Hauptgruppen unterschiedlich zu gestalten und an die individuellen Anforderungen anzupassen. [18]

4.1 Schweißfehler

Es können in Abhängigkeit der Werkstoffzusammensetzung, Last oder Spannungen der Schweißnaht und der Wärmeeinflusszone einige Fehler auftreten. Diese beeinträchtigen die Bauteilsicherheit und somit die Funktionalität des gesamten Werkstückes. In folgendem Kapitel werden die häufigsten materialbedingten Fehler beschrieben. [8], S. 535

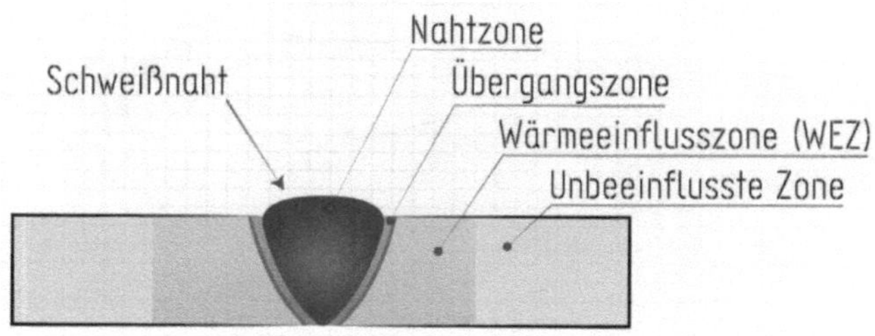

Abbildung 8: Schweißnaht und Wärmeeinflusszone (Quelle: modifiziert übernommen aus [19]

In Abbildung 8 erkennt man den Bereich der Schweißnaht zwischen zwei Blechen, welcher durch den Schweißvorgang Fehler aufweisen kann. Nachfolgend können aus der Literatur folgende Fehler in der Schweißnaht identifiziert werden:

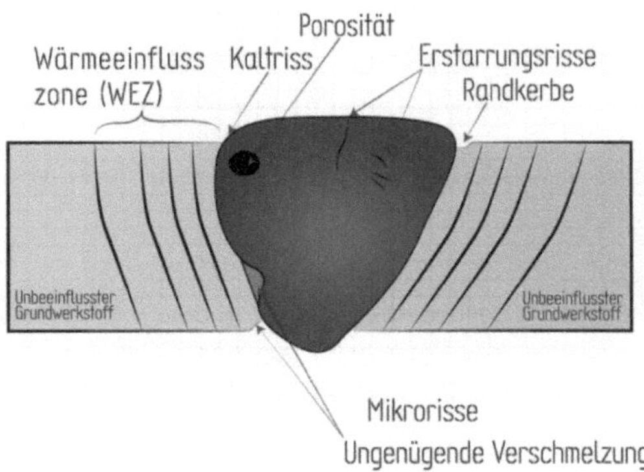

Abbildung 9: Übersicht der Schweißnahtfehler (Quelle: modifiziert übernommen aus [20])

Die abgebildeten Schweißnahtfehler zeigen jene, die am häufigsten auftreten. Des Weiteren gibt es Bindefehler, Form- und Maßabweichungen sowie Überhöhungen oder Unterwölbungen der Schweißnaht.

Fazit

Durch die hohe Wärmeleitfähigkeit von Aluminiumwerkstoffen sind diese nicht nur in der Schweißnaht, sondern ebenso in der relativ großen Wärmeinflusszone anfällig. Da jeder Fehler der Schweißverbindung zu einem Ausfall des Werkstückes führen kann, sind diese ein direkter Maßstab für die Qualität der Schweißnaht.

4.1.1 Heißrisse

Der Heißriss (auch Warmriss genannt) ist ein Fehler, der während der Erstarrungsphase in der Schweißnaht entsteht. Ursache dafür sind vorherrschende Temperaturunterschiede im Bereich der Solidus- und Liquidustemperatur. Der Heißriss entsteht vornehmlich entlang der Korngrenzen der Legierungen. [21]

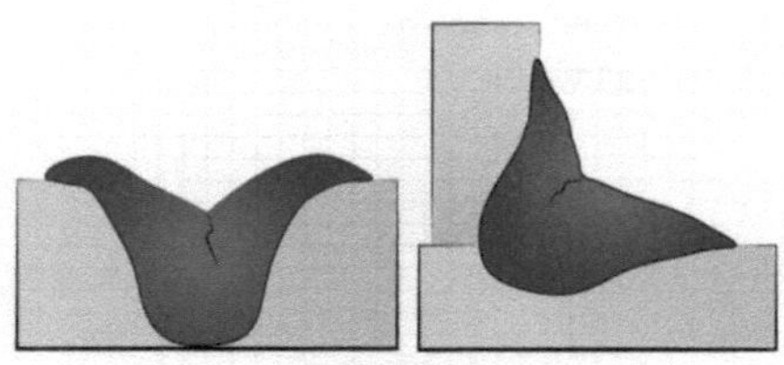

Abbildung 10: Heißrisse in einer Stumpfnaht (links) und einer Kehlnaht (rechts) (Quelle: eigene Darstellung)

Die Rissbildung wird besonders bei Aluminium durch den hohen Wärmeausdehnungskoeffizienten des Werkstoffes begünstigt. Des Weiteren stellt die Anzahl der verschiedenen Legierungselemente einen weiteren Begünstigungsfaktor dar. [22]

Fazit

Der Heißriss gilt als gravierender Fehler der Schweißnaht, da die Festigkeit der Naht dadurch stark beeinträchtigt wird. Die Fehlerbasis wird auf metallurgisch mikroskopischer Ebene verursacht und kann durch Gegenmaßnahmen wie dem Vorwärmen der zu schweißenden Werkstücke oder dem kontrollierten Abkühlen dieser verhindert werden.

4.1.2 Poren

Die Porenbildung in Aluminiumschweißnähten ist auf den löslichen Wasserstoffgehalt in der Schmelze von Aluminiumwerkstoffen zurückzuführen. Dieser kann unter anderem aus der Ablagerung auf den Elektroden oder der Werkstoffoberfläche stammen.

Eine weitere, nicht werkstückbezogene Quelle stellt Feuchtigkeit im Schutzgas oder aus der Atmosphäre dar. Bedingt durch hohe Schweißgeschwindigkeiten können die Wasserstoffgase die Schweißnaht nur erschwert verlassen. Je höher die Schweißgeschwindigkeit, umso wahrscheinlicher ist die Bildung von Poren. Unabhängig davon hängt die Bildung ebenso von der Position ab. Am besten können die Gase in einer senkrechten Schweißposition, am schwierigsten in einer Überkopfposition die Schweißnaht verlassen.

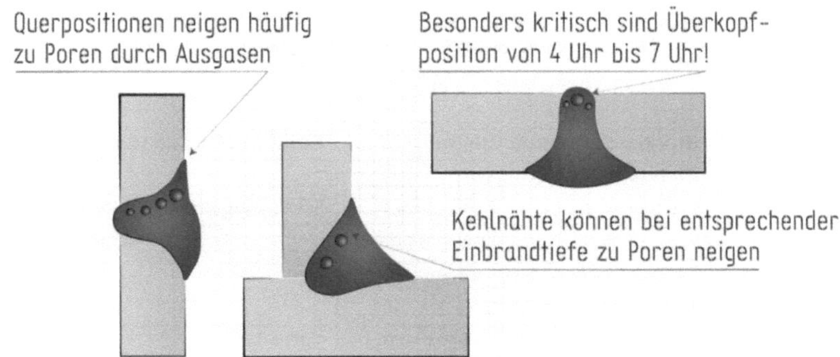

Abbildung 11: Porenlage in Schweißnähten (Quelle: modifiziert übernommen aus [23])

Fazit

Das Risiko der Porenbildung kann durch saubere Werkstückvorbereitung sowie korrekte Arbeitsplatzplanung stark reduziert werden. Wie bei allen Schutzgasschweißverfahren stellen Vermischungen der Atmosphäre mit dem Schutzgas eine Gefährdung der Schweißnahtqualität dar. Zusätzlich zu diesen Rahmenbedingungen kann durch gute Planung der Schweißposition das Ausgasen der Wasserstoffgase begünstigt werden.

4.2 Prüfung der Schweißnaht

In der Fertigung unterliegen Schweißnähte nicht nur einer visuellen, durch die Schweißer durchgeführte Prüfung, sondern ebenso diversen Prüfverfahren zur Beurteilung der Schweißnaht und der Schweißzusatzwerkstoffe. Die zu verwendenden Verfahren können sowohl eine zerstörungsfreie als auch eine zerstörende Prüfung umfassen.

4.2.1 Prüfung auf Heißrissanfälligkeit

Die Prüfung der Heißrissanfälligkeit fokussiert sich vor allem auf die Temperaturen zwischen der Solidus- und Liquiduslinie. Metallurgische Prozesse zwischen den Legierungs- und den Werkstoffkörnungen stellen die Basis der Entstehung von Heißrissen dar. Für die Prüfung der Heißrissanfälligkeit ist ein Verfahren mit Selbstbeanspruchung der Probe zu empfehlen. Dies bedeutet, dass die Probe eine Prüfung nach dem erfolgten Schweißverfahren erhält. Ein genormtes Probestück unterliegt einer bestimmten Zug – und / oder Biegebelastung, welche zur optischen Identifizierung verwendet wird. Die dadurch sichtbar gemachten Risse sind kein Maßstab für die gesamte Produktionsserie und dienen nur der Qualitätsüberwachung. [8], S. 579

4.2.2 Modifizierter Varestraint Transvarestraint Test

Der Modifizierte Varestraint Transvarestraint Test (MVT-Test) hat sich in den letzten Jahren als methodenübergreifendes und modernes Prüfverfahren durchgesetzt. Es gibt zwei Möglichkeiten der Testdurchführung, wobei sich diese nur in den Beanspruchungsarten in Längs- bzw. in Querrichtung der Schweißnaht unterscheiden.

Tabelle 2: Anwendungsbereiche MVT (modifiziert übernommen aus: [24])

Ort der Untersuchung	Standarduntersuchungen ohne Zusatzwerkstoff		Sonderuntersuchungen	
	Erstarrungsrisse	Wiederauf-schmelzrisse	Erstarrungsrisse	Wiederauf-schmelzrisse
Grundwerkstoff	Varestraint / Transvarestraint	Varestraint	-	-
Reines Schweißgut	Varestraint / Transvarestraint	Varestraint	Varestraint / Transvarestraint	Varestraint
Schweiß-verbindung	Varestraint / Transvarestraint	Varestraint	Varestraint / Transvarestraint	Varestraint

Die Heißrisse der Schweißproben werden in der Umgebung des Biegepunktes unter mikroskopischer Vergrößerung betrachtet und die Länge aller sichtbaren Risse addiert. Die somit ermittelte gesamte Risslänge wird in Beziehung zum Biegeradius gesetzt und die Biegedehnung berechnet. Dieser Test erlaubt eine schnelle und wirtschaftliche Begutachtung der gesamten Schweißverbindung und ihrer Einzelkomponenten [8], S. 582

4.2.3 Visuelle Prüfung der Schweißnaht

Der Vorteil der visuellen Überprüfung liegt darin, dass diese zu jedem Zeitpunkt stattfinden kann. Die Prüfung erfolgt vor, während oder nach dem Schweißvorgang und beinhaltet keine Materialkosten. Für die Sichtprüfung vor dem Schweißvorgang werden insbesondere die Flanken der zu verbindenden Bauteile sowie ihre Reinheit (entfernte Oxidschicht) beurteilt. Für qualitativ besonders hochwertige Produkte, wie beispielsweise in der Luftfahrt, können die Prüfanforderungen soweit fortgeschritten sein, dass die visuelle Prüfung der Schweißnaht sogar während des Schweißens erfolgen muss. In diesem Fall kann die Lage der Schweißraupe, die Bedeckung der Schweißraupen und die Sichtung von Unregelmäßigkeiten oder Rissen während des Schweißprozesses geprüft werden. Vorgegebene Anforderungen an die Schweißnaht, wie unter anderem die Entscheidung einer möglichen Nachbearbeitung, bilden einen wichtigen Bestandteil bei der Prüfung dieser. Die Sichtprüfung der bestehenden Schweißnaht umfasst das Vorhandensein von Riefen und Unebenheiten, den Übergang zwischen Werkstück und Schweißnaht, Form und Größe der Naht, Nahtbreite sowie Länge, Kerben, Unregelmäßigkeiten, Risse und Lunker. Diese visuelle Prüfung am Ende der Schweißarbeit wird beinahe bei jedem Schweißvorgang durchgeführt. Je geschulter der ausführende Schweißer ist, umso detaillierter können der Fehlerbericht und die Fehlerfindungsrate erfolgen. [25]

5 Vermeidung von Schweißfehlern

Die Vermeidung von Schweißfehlern kann auf zwei Ebenen betrachtet werden. Kurzfristige Maßnahmen in der operativen Ebene können durch das Schweißpersonal oder die Arbeitsvorbereitung durchgeführt werden und sind in Kapitel 5.1 durch Entscheidungsbäume dargestellt, welche dem Betroffenen als direkte Hilfe dienen sollen. Dadurch ist es kurzfristig möglich, fehlerhafte Serien in der Produktion zu vermeiden. Die strategischen Maßnahmen sind darauf ausgelegt, die Qualität der zu erstellenden Schweißnähte langfristig zu sichern. Um eine derartige Maßnahme setzen zu können, ist es von großer Bedeutung, alle Gesichtspunkte der Schweißfehler inklusive derer Ursachen zu betrachten. In Kapitel 5.2 wird zuerst anhand eines Ursache-Wirkungs-Diagrammes der Schweißfehler und seine Einflüsse dargestellt, um im Anschluss daran die potentiellen Fehlerquellen beurteilen zu können.

5.1 Operative Vermeidung von Schweißfehlern

Auf Basis der analysierten Daten werden in folgendem Kapitel Sofortmaßnahmen in Form von Entscheidungsbäumen dargestellt, welche durch betroffenes Personal beim Auftreten jener Fehler direkt durchgeführt werden können. Die erstellten Entscheidungsbäume stellen in ihrer Abfolge vier Schritte dar:

1. Fehler
2. Mögliche Ursache
3. Mögliche Gegenmaßnahme
4. Verantwortlichkeit

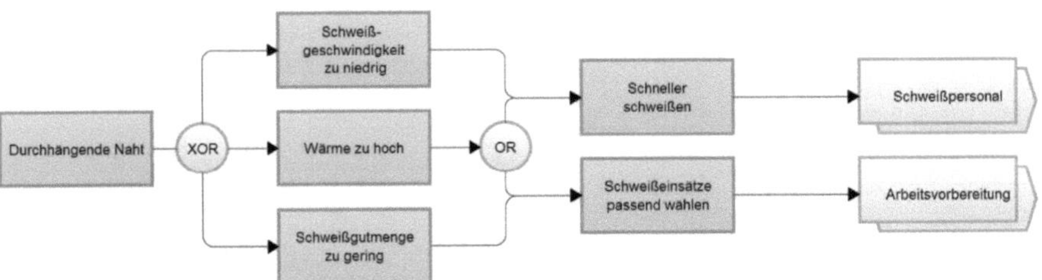

Abbildung 12: operative Fehlerbehebung von durchhängenden Nähten (Quelle: eigene Darstellung)

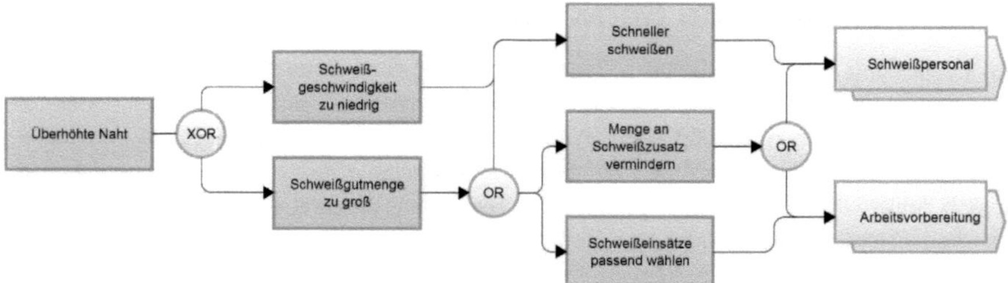

Abbildung 13: operative Fehlerbehebung von überhöhten Nähten (Quelle: eigene Darstellung)

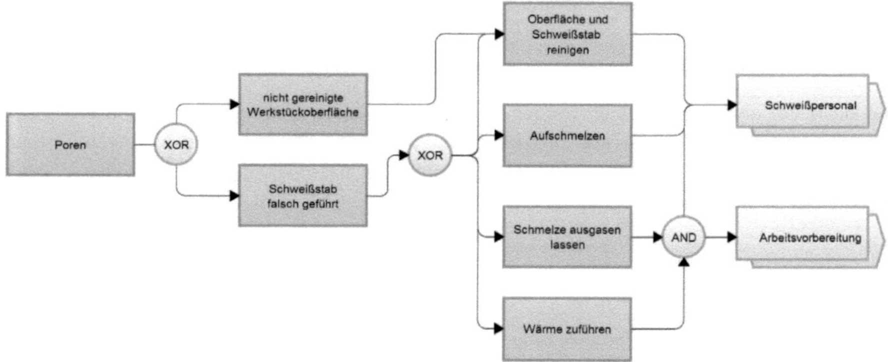

Abbildung 14: operative Fehlerbehebung von Poren (Quelle: eigene Darstellung)

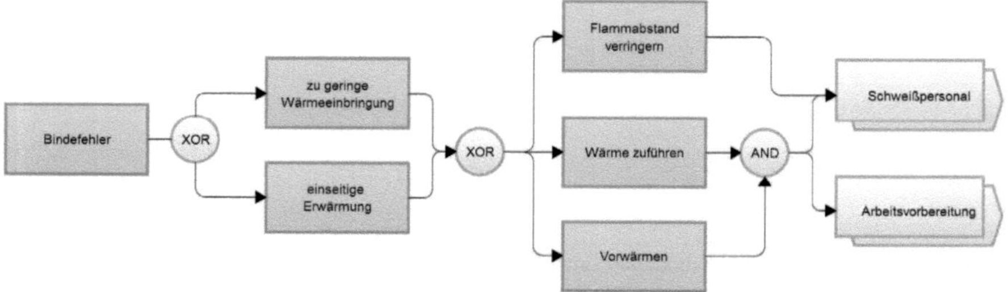

Abbildung 15: operative Fehlerbehebung von Bindefehlern (Quelle: eigene Darstellung)

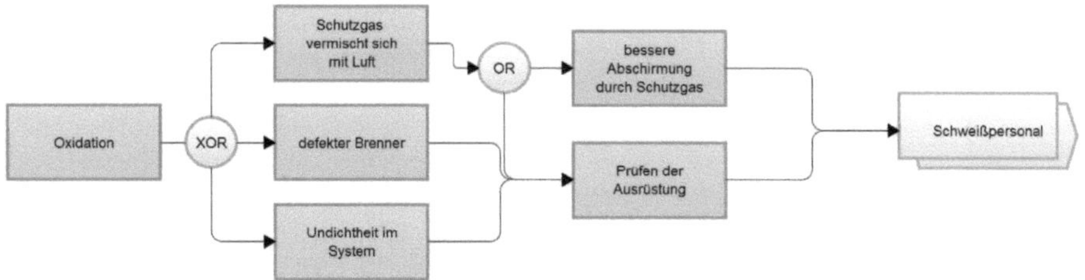

Abbildung 16: operative Fehlerbehebung von durch Oxidation verursachten Fehlern (Quelle: eigene Darstellung)

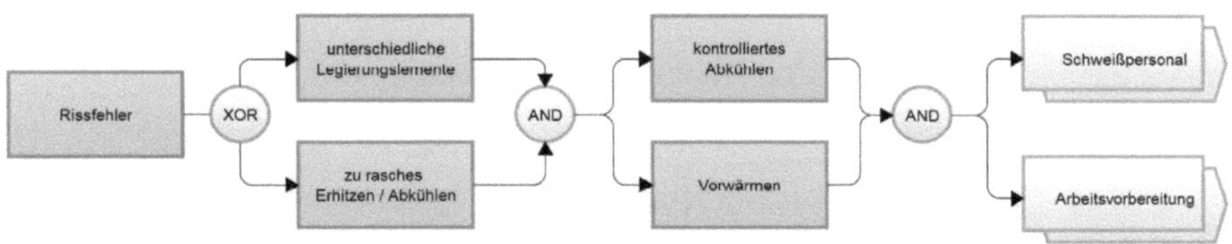

Abbildung 17: operative Fehlerbehebung von Rissfehlern (Quelle: eigene Darstellung)

Die Abbildungen 12 bis 17 zeigen Fehler sowie deren mögliche Ursachen. Der Entscheidungsprozess liegt hierbei direkt in der Produktion und ist von dem Schweißpersonal oder der Arbeitsvorbereitung zu leben. Im Zuge der Erstellung dieser Entscheidungsbäume wurden ebenso Zuständigkeiten deklariert, um Verantwortungen der Planung und / oder Ausführung zu definieren. Diese Abbildungen haben den Zweck, häufig auftretende Fehler in der Produktion zeitsparend zu lösen. Eine Einbindung dieser in Arbeitsanweisungen kann die Qualität der Fertigung – unter der Voraussetzung einer durchgeführten visuellen Prüfung nach dem Schweißprozess – erhöhen und somit zur Produktivitätssteigerung führen.

5.2 Strategische Vermeidung von Schweißfehlern

Für die strategische Optimierung der Arbeitsabläufe ist es notwendig, alle möglichen Einflüsse auf Schweißfehler zu erkennen. Das nachfolgende Ishikawa-Diagramm verdeutlicht die dem Fertigungssytem unterliegenden Einflüsse.

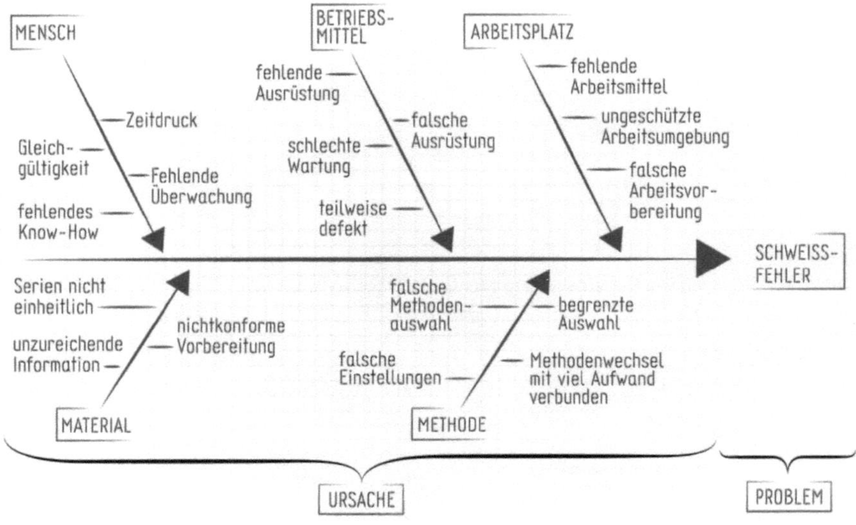

Abbildung 18: Ishikawa-Diagramm (Quelle: eigene Darstellung)

Das in Abbildung 18 dargestellte Ursache-Wirkungs-Diagramm zeigt die vielen unterschiedlichen Einflussfaktoren, die sich auf die Qualität der Schweißnaht auswirken können. Für die strategische Planung sind insbesondere die Faktoren Betriebsmittel, Arbeitsplatz, Material und Methode entscheidend, da der Mensch als Fehlerursache nur schwierig in die strategische Planung eingebunden werden kann. In jedem Ursachenzweig finden sich Elemente, welche sowohl durch die Planung, als auch von den durchführenden Personen beeinflusst werden. Ein Zusammenspiel dieser ist daher für eine qualitativ hochwertige Schweißnaht unumgänglich.

Nachfolgend werden auf Basis der erfassten Daten einzelne Schweißfehler, deren Ursache sowie planbare strategische Maßnahmen zur Verhinderung dieser beschrieben.

Risse
Risse entstehen durch zu starke Wärmeableitung im Gefüge der Werkstoffe, durch ein zu hohes Schrumpfmaß sowie durch unsachgemäß vorbereitete Schweißstellen. Folgende Planungsentscheidungen können diesen Fehlern entgegen wirken:
- Zu hohe Wärmeableitung:
  - Der Arbeitsplatz ist so zu gestalten, dass ein Vorwärmen beider Werkstücke möglich ist.
  - Der gewählte Schweißzusatz muss mit Magnesium oder Silizium überlegiert sein.
- Zu hohes Schrumpfmaß:

    o Die Werkstücke sind am Arbeitsplatz so einzuspannen, dass eine Schrumpfung im gesamten Werkstück anstatt nur in der Naht stattfindet.

    o Für die Auswahl des Schweißverfahrens ist ein kurzer Lichtbogen zu bevorzugen.

- Heftstelle:
    - Die Schweißstelle ist vor dem Schweißvorgang durch Schleifen in die korrekte Form zu bringen.

Poren

Die Hauptursache der Porenbildung beruht auf der Wasserstoffbildung oder einer mangelnden Ausgasung. Auf strategischer Ebene sind gegen diese möglichen Ursachen folgende Maßnahmen zu setzen:

- Wasserstoff:
    - Für die Vorbereitung der Schweißstelle sind ausschließlich Schleifscheiben und Schleifmittel, welche kein Bindemittel beinhalten, zu verwenden.
    - Der Arbeitsplatz ist so zu gestalten, dass Zugluft oder Verwirbelungen der Atmosphäre keinen Einfluss bewirken können.
- Mangelnde Ausgasung:
    - Es sind in der Konstruktion Werkstoffe zu wählen, die über einen großen Erstarrungsbereich verfügen.
    - Die Arbeitsposition Überkopfschweißen ist zu vermeiden.

Oxidschichten

Durch Wartezeiten zwischen der Vorbereitung des Werkstückes und des tatsächlichen Schweißvorganges können sich bereits entfernte Oxidschichten erneut bilden. Als strategische Maßnahmen sollten die Arbeitsplatzgestaltung sowie die Arbeitsplanung so durchgeführt werden, dass eine mechanische Entfernung der Oxidschicht direkt am Schweißplatz erfolgt.

Bindefehler und Verzug

Die Hauptursache für Bindefehler ist die überhöhte Wärmeableitung des Aluminiumwerkstoffes gegenüber seinem Verbundpartner sowie eine nicht korrekt vorbereitete Heftstelle. Für die angeführten Ursachen können folgende Maßnahmen strategisch gesetzt werden:

- Zu hohe Wärmeableitung:
    - Der Arbeitsplatz ist so zu gestalten, dass ein Vorwärmen beider Werkstücke möglich ist.
    - Bei der Planung der Schweißverbindung ist ein Impuls-Schweißverfahren vorzusehen.
    - Die Einzelteile sind geometrisch so zu konstruieren, dass dem Verzug entgegen gewirkt wird.
- Heftstelle:
    - Die Schweißstelle ist vor dem Schweißvorgang durch Schleifen in die korrekte Form zu bringen.

o   Die Schweißstelle ist so zu gestalten, dass die Schweißnaht einen ausreichenden und gleichmäßigen Querschnitt vorweist.

6 Schlusswort

Aluminiumschweißen stellt aufgrund der spezifischen Werkstoffeigenschaften besondere Anforderungen an die Ausführung der Schweißnaht. Wie in Kapitel 5 beschrieben, stellt der Hauptanteil der Schweißnahtfehler solche dar, die großteils bereits in der Planung vermieden werden können. So ist bereits die Arbeitsplatzplanung ein maßgeblicher Erfolgspunkt, um Einflüsse aus der Umwelt zu vermeiden. Die Wahl des richtigen Schweißverfahrens, unter Anbetracht der Werkstoffanforderungen, gehört ebenso zu dieser wie auch die Bereitstellung der korrekten Betriebsmittel. Weitere Fehlerursachen können bereits auf der operativen Ebene behoben bzw. deren Wahrscheinlichkeit reduziert werden. Des Öfteren liegt die Ursache der falschen Schweißnaht in der falschen Handhabung oder der nicht konformen Wartung des Equipments durch den Schweißer selbst. Die unter Kapitel 5 angeführten Entscheidungsbäume sollen dem Schweißer ein einfaches und veranschaulichbares Bild der Maßnahmen, die er selbst treffen kann, vermitteln. Der menschliche Faktor spielt wie in Abbildung 18 dargestellt und beschrieben Fehlerquellen dar, die im Betrieb nur schwer oder mit hohem Aufwand behoben werden können. So sind die durch den Autor vorgeschlagenen operativen Kurzmaßnahmen nutzlos, sobald dem durchführenden Schweißer (Faktor Mensch) die Attribute Gleichgültigkeit oder fehlendes Know-How zugesagt werden können. Abhilfe hierzu schaffen durch ein Qualitätsmanagement vorgegebene Arbeitsanweisungen, welche dem Durchführenden eine optische Prüfung sowie Maßnahmen im Falle des Auftretens von Fehlern vorschreiben. Aus Sicht des Autors ergeben sich durch die heutzutage gültigen Qualitätsanforderungen Dokumentations- und Präventivmaßnahmen, welche die in dieser Arbeit beschriebenen Fehler vermeiden könnten. So ist anzunehmen, dass grundlegende Maßnahmen wie Fehler- und Qualitätsregelkarten bei wirtschaftlich erfolgreichen Schweißunternehmen den Stand der Technik darstellen und somit die in dieser Arbeit strategisch beschriebenen Maßnahmen bereits als erfüllt gelten. Als präventive Verbesserungshandlungen können operative Maßnahmen, wie sie in Kapitel 5.1 grafisch dargestellt sind, den durchführenden Fachkräften am Arbeitsplatz vorgelegt werden, um Entscheidungen zu erleichtern und die Ursachendefinition einer nichtkonformen Schweißnaht zeitsparend zu gestalten.

Literaturverzeichnis

[1] Ilschner, Singer; Werkstoffwissenschaften und Fertigungstechnik - Eigenschaften, Vorgänge, Technologien; Springer Verlag; Berlin 2015

[2] http://www.maschinenbau-wissen.de/skript3/werkstofftechnik/metall/4-gittertypen-von-metallen (letzter Zugriff 13.05.2016)

[3] Kalweit, Peters, Wallbaum; Handbuch für Technisches Produktdesign: Material und Fertigung, Entscheidungsgrundlagen für Designer und Ingenieure; Springer Verlag; Berlin 2012

[4] http://www.hug-technik.com/inhalt/ta/metall.htm (letzter Zugriff 13.05.2016)

[5] Fahrenwaldt, Schuler; Praxiswissen Schweißtechnik - Werkstoffe, Prozesse, Fertigung; Vieweg + Teubner Verlag; Wiesbaden 2011

[6] http://www.zarges.com/ch/unternehmen/zarges-produkte-anspruch/vorteile-aluminium/ (letzter Zugriff 13.05.2016)

[7] http://www.chemie.de/lexikon/Aluminium.html (letzter Zugriff 19.05.2016)

[8] Schulze; Die Metallurgie des Schweißens - Eisenwerkstoffe - Nichteisenmetallische Werkstoffe; Springer Verlag; Berlin 2010

[9] https://www.schweisshelden.de/fachwissen/bilder/pdf/mag_mig.pdf   (letzter   Zugriff 17.05.2016)

[10] http://www.webquests.ch/migmagschweissen.html?page=73877 (letzter Zugriff 17.05.2016)

[11] http://www.seilnacht.com (letzter Zugriff 17.05.2016)

[12] http://kewell-schweisstechnik.de/wp-content/uploads/2011/10/Aluminium-WIG-Schwei%C3%9Fen.pdf (letzter Zugriff 17.05.2016)

[13] http://www.technologiepool.de/schweissenmitlaser/laserschweissen.html   (letzter   Zugriff 19.05.2016)

[14] Hügel, Graf; Laser in der Fertigung Strahlquellen, Systeme, Fertigungsverfahren; Vieweg + Teubner Verlag; Wiesbaden 2009

[15] https://www.iw.uni-hannover.de/2153.html (letzter Zugriff 18.05.2016)

[16] http://www.die-verbindungs-spezialisten.de/fileadmin/user_upload/Broschueren/DVS-Fokus/DVS_Fokus_Elektronenstrahlschweissen_DE_Screen.pdf   (letzter   Zugriff 18.05.2016)

[17] http://www.metalle.uni-bayreuth.de/de/teaching/practical/ (letzter Zugriff 18.05.2016)

[18] http://www.dvs-ev-bvschwaben.de/files/vortrag/slv/iso_5817.pdf (letzter Zugriff 18.05.2016)

[19] http://www.maschinenbau-wissen.de/skript3/werkstofftechnik/aluminium/61-alu-schweissen (letzter Zugriff 19.05.2016)

[20] https://tu-dresden.de/die_tu_dresden/fakultaeten/fakultaet_maschinenwesen/ifww/professuren/wpc/schweissnaehte (letzter Zugriff 18.05.2016)

[21] http://www.anleitung-zum-schweissen.de/was-ist-ein-heissriss/ (letzter Zugriff 18.05.2016)

[22] http://www.anleitung-zum-schweissen.de/fachartikel-zum-thema-schweissen/fehlerursachen-beim-mig-schweissen-von-aluminium/   (letzter   Zugriff

18.05.2016)

[23] http://www.schweissaufsicht-kompakt.de/8-verhalten-von-aluminium-beim-schwei%C3%9Fen (letzter Zugriff 18.05.2016)

[24] http://www.bam.de/de/geraete_objekte/fg55_mvt.htm (letzter Zugriff 19.05.2016)

[25] http://www.dgzfp.de/Portals/opm2011/BB/v09.pdf (letzter Zugriff 19.05.2016)

Abbildungsverzeichnis

Abbildung 1: kubisch flächenzentriertes Kristallgitter (Quelle: modifiziert übernommen aus [2]) ... 6
Abbildung 2: Gewinnung von Aluminium (Quelle: eigene Darstellung) 7
Abbildung 3: MIG-Schweißen (Quelle: modifiziert übernommen aus [10]) 10
Abbildung 4: WIG-Schweißen (Quelle: modifiziert übernommen aus [11]) 11
Abbildung 5: Laser-Schweißen (Quelle: modifiziert übernommen aus [5], S. 86) 13
Abbildung 6: Elektronenstrahlschweißen [Quelle: modifiziert übernommen aus [15]) 14
Abbildung 7: Unterpulverschweißen [Quelle: modifiziert übernommen aus [17]) 15
Abbildung 8: Schweißnaht und Wärmeeinflusszone (Quelle: modifiziert übernommen aus [19] . 16
Abbildung 9: Übersicht der Schweißnahtfehler (Quelle: modifiziert übernommen aus [20]) 17
Abbildung 10: Heißrisse in einer Stumpfnaht (links) und einer Kehlnaht (rechts) (Quelle: eigene
            Darstellung) 18
Abbildung 11: Porenlage in Schweißnähten (Quelle: modifiziert übernommen aus [23]) 19
Abbildung 12: operative Fehlerbehebung von durchhängenden Nähten (Quelle: eigene
            Darstellung) 21
Abbildung 13: operative Fehlerbehebung von überhöhten Nähten (Quelle: eigene Darstellung) 22
Abbildung 14: operative Fehlerbehebung von Poren (Quelle: eigene Darstellung) 22
Abbildung 15: operative Fehlerbehebung von Bindefehlern (Quelle: eigene Darstellung) 22
Abbildung 16: operative Fehlerbehebung von durch Oxidation verursachten Fehlern (Quelle:
            eigene Darstellung) 23
Abbildung 17: operative Fehlerbehebung von Rissfehlern (Quelle: eigene Darstellung) 23
Abbildung 18: Ishikawa-Diagramm (Quelle: eigene Darstellung) 24

Tabellenverzeichnis

Tabelle 1: Vergleichstabelle Eigenschaften (Quelle: [6]) 7
Tabelle 2: Anwendungsbereiche MVT (modifiziert übernommen aus: [24]) 20

Abkürzungsverzeichnis

MIG   Metall-Inertgas

WIG   Wolfram-Inertgas

MVT   Modifizierter Varestraint Transvarestraint

WEZ   Wärmeeinflusszone